超级军事迷

空中战鹰

编著/张萍 李莹 张柏赫

吉林科学技术出版社

图书在版编目（CIP）数据

空中战鹰 / 张萍，李莹，张柏赫编著. -- 长春 : 吉林
科学技术出版社，2022.5
（超级军事迷）
ISBN 978-7-5578-8816-9

Ⅰ．①空… Ⅱ.①张… ②李… ③张… Ⅲ.①航空兵
器—儿童读物 Ⅳ. ①TJ-49

中国版本图书馆CIP数据核字(2021)第205756号

CHAOJI JUNSHI MI KONGZHONG ZHANYING
超级军事迷 空中战鹰

编　著　张　萍 李　莹 张柏赫
出 版 人　宛　霞
责任编辑　石　焱
封面设计　长春市明洋卓安文化传播有限公司
制　版　长春市明洋卓安文化传播有限公司
幅面尺寸　185 mm×210 mm
开　本　24
字　数　45千字
印　张　3.5
印　数　1-6 000册
版　次　2022年5月第1版
印　次　2022年5月第1次印刷

出　版　吉林科学技术出版社
发　行　吉林科学技术出版社
地　址　长春市福祉大路5788号出版大厦A座
邮　编　130118
发行部电话/传真　0431－81629529　81629530　81629531
　　　　　　　　　　81629532　81629533　81629534
储运部电话　0431—86059116
编辑部电话　0431—81629380
印　刷　吉广控股有限公司

书　号　ISBN 978-7-5578-8816-9
定　价　29.90元

前　言

从古代的冷兵器到现代的导弹坦克，每一种军事武器中都蕴含着人类的智慧。随着武器的升级，战场上的厮杀也从冷兵器时代的金戈铁马变成了热兵器时代的硝烟弥漫，一部战争史也是一部武器的发展史，每种武器研发和改进的背后，总会有一段不为人知的故事。

亲爱的小军事迷，你想了解那些曾经称霸战场的军事武器吗？"超级军事迷"系列图书是不错的选择，书中包括坦克、战车、火炮、战机、直升机、步枪、手枪、机枪等军事武器，涵盖范围广，内容详实有趣，让你一次过足军事瘾。

为了展示这些军事武器的战场风姿，我们运用先进的3D建模技术，精准还原细节，重建军事武器家族。本系列图书精选117种军事武器，它们曾经都是"战斗英雄"。书中采用高质量三维大图，配以简洁易懂的百科知识，让小军事迷认识武器、了解军事知识。而AR增强现实技术的应用更是让这些曾经的"战斗英雄"来到你身边，并和你亲密互动。

编者话

目　录

米-8直升机 载重强者 ················· 6

卡-25直升机 雷达小精灵 ················· 8

OH-6A直升机 低噪侦察兵 ················· 10

山猫直升机 空中多面手 ················· 12

SH-2舰载直升机 海上妖精 ················· 14

卡-27反潜直升机 海面护卫者 ················· 16

AH-64A武装直升机 坦克猎手 ················· 18

AS532直升机 世界明星 ················· 20

卡-50武装直升机 空中黑鲨 ················· 22

AH-1W武装直升机 超级眼镜蛇 ················· 24

V-22倾转旋翼机 灵活的鱼鹰 ················· 26

JU87B-1轰炸机 死神之吼 ················· 28

B-17G重型轰炸机 坚强模范 ················· 30

BF110E-1战斗轰炸机 空中破坏者 ················· 32

B-24D轰炸机 解放者战机 ················· 34

JU188E-1轰炸机 多种机型 ················· 36

B-29重型轰炸机 超级堡垒 ················· 38

图-16轰炸机 精准斗士 ················· 40

B-52H战略轰炸机 空中堡垒 ················· 42

苏-24战斗轰炸机 空中击剑手 ················· 44

B-2战略轰炸机 空中幽灵·····················46

A-4舰载攻击机 天鹰战机·····················48

A-7E攻击机 亚声速战机·····················50

A-10攻击机 低空战神·····················52

AV-8B攻击机 空中格斗者·····················54

F/A-18E攻击机 双重身份·····················56

BF109战斗机 王牌座驾·····················58

F4U战斗机 空中海盗·····················60

Me 163B战斗机 火箭动力·····················62

PBY-5A水上飞机 优雅的战士·····················64

"强风"水上战斗机 水上王者·····················66

P-61C战斗机 暗夜黑寡妇·····················68

米格-21MF战斗机 返航强者·····················70

F-111F战斗机 变后掠翼·····················72

"幼狮"战斗机 以色列战机·····················74

F-15E战斗机 制空战鹰·····················76

C-130系列运输机 运输大力神·····················78

EA-6B电子战飞机 空中徘徊者·····················80

ES-3A电子战飞机 空中监视机·····················82

军事小知识·····················84

米-8直升机 *载重强者*

　　米-8直升机是一款中型运输直升机，绰号"河马"。该飞机机身坚固、载重量大，可搭载24名全副武装的士兵。而且价格低、易保养、寿命长、好操作，能够承担各种军用和民用飞行任务。

★ 米-8直升机 ★

- 生 产 国：苏联
- 首飞时间：1961年
- 机　　长：18.17米
- 机　　高：5.65米
- 起飞限重：12000千克
- 最高速度：250千米/时
- 悬停高度：800米（无地效）

米-8直升机主要配备1挺7.62毫米机枪。

座舱

　　座舱内装有可加热的空调装置，风挡玻璃也可以加温。

米里设计局是俄罗斯著名的直升机设计制造公司，据统计，从这里产出的直升机总数接近3万架，占俄罗斯（包括苏联）直升机总数的95%。米里设计局共设计了15个投产的基本型直升机，米-8直升机就是其中之一。

机身

机身采用全金属半硬壳结构，大大延长了整体使用寿命。

起落架

该飞机采用前三点式不可收放起落架。

▶米-8直升机机舱内可以加装两个桶形油箱。

卡-25直升机 雷达小精灵

卡-25直升机绰号"激素"，装有雷达、吊放式声呐光电探测器、磁力探测仪等设备，可在短时间内搜索大面积海域，探测敌方潜艇，是一种多功能反潜直升机。发动机安装在机舱顶部，使座舱有了较大的空间，方便运输乘员、安装设备、存放燃油和运输货物等。

★ 卡-25直升机 ★

- 生 产 国：苏联
- 首飞时间：1961年
- 机　　长：9.7米
- 机　　高：5.4米
- 起飞限重：7500千克
- 最高速度：220千米/时
- 悬停高度：不详

卡-25直升机可携带反潜鱼雷、核深水炸弹等。

雷达罩

机头下方装有突出的扁蛋形机载雷达罩。

战场老兵

卡-25直升机是反潜直升机的重要型号，曾出口到印度、保加利亚、叙利亚、越南等国家，并参与了苏伊士运河的扫雷工作，服役时间长达30年。

旋翼

旋翼有两组三叶螺旋桨，桨叶可以自动折叠。

起落架

不可收放的四点式起落架带有可充气的浮袋，用于水上迫降。

卡-25直升机后来又衍生出了搜救型与中继型两种型号。

OH-6A直升机 低噪侦察兵

OH-6A直升机是OH-6系列直升机的早期型号，绰号"卡尤塞（一种印第安小马）"。它配备了极为先进的夜间瞄准系统，可以精准地进行搜索和侦察，也可执行指挥和管理等任务。

★ OH-6A直升机 ★

- 生产国：美国
- 首飞时间：1962年
- 机　　长：7.01米
- 机　　高：2.48米
- 起飞限重：1406千克
- 最高速度：370千米/时
- 悬停高度：2225米（无地效）

OH-6A直升机主要配备1枚反坦克空地导弹，1挺7.62毫米链式自动机枪等。

机身

机身呈水滴状，外形小巧，在飞行过程中阻力较小。

低噪声直升机

研制中，OH-6A直升机有效载荷增加了272千克，速度增加了37千米/时，却只需用原直升机发动机所需功率的67％，因此大大降低了飞行中所产生的噪声。

旋翼

四片桨叶全铰接式旋翼，各桨叶安装结合的部位由15块相互叠合的不锈钢片组成。

▶OH-6A直升机前排为并排的驾驶员座椅，后排可放2个折叠椅，可坐4名士兵。

尾桨

尾桨有两片桨叶，由成型玻璃钢管蒙皮构成。

山猫直升机 空中多面手

　　山猫直升机操作性非常好，甚至能完成固定翼飞机的特技飞行动作。该飞机可以执行战场攻击、侦察、为运输直升机护航、搜索、救援、联络、指挥、后勤支援、货物和士兵运输等多项任务，是名副其实的空中多面手。

★ 山猫直升机 ★

- 生 产 国：英国、法国
- 首飞时间：1971年
- 机　　长：15.63米
- 机　　高：2.96米
- 起飞限重：5125千克
- 最高速度：259千米/时
- 悬停高度：3230米（无地效）

山猫直升机主要配备1门20毫米机炮、1挺7.62毫米机枪等。

▶山猫直升机舱内可载货907千克，外部还能挂载1360千克货物。

旋 翼
　　旋翼有4片可以折叠的桨叶，它们之间还可以互换。

起落架
　　该直升机的起落架为不可收放式。

超级大山猫

　　"山猫"量产后，根据客户要求，又发展出了全天候通用型和舰载预警型，这些后续发展机型被称为"超级大山猫"。该直升机主要用来执行反潜、反舰和救援等海上任务，具有布局紧凑、坚固耐用、可靠性高、维护简单等特点。

SH-2舰载直升机 海上妖精

　　SH-2舰载直升机是一种可以执行搜索、救援、反潜、防御等多重任务的全天候多用途直升机，绰号"海妖"。该直升机的旋翼系统非常先进，不仅能提升机动性，还能增加续航时间。SH-2舰载直升机拥有飞行振动小、可靠性高、操纵零件少、维护简单等优点。

★ SH-2舰载直升机 ★

- 生 产 国：美国
- 首飞时间：1973年
- 机　　长：12.34米
- 机　　高：4.14米（桨叶折叠）
- 起飞限重：6124千克
- 最高速度：256千米/时
- 悬停高度：5486米（无地效）

SH-2舰载直升机主要配备1挺7.62毫米机枪，2枚Mk46或Mk50鱼雷。

SH-2舰载直升机的机舱内还有装载货物的空间。

舰载直升机

　　舰载直升机是可以在战舰上起降的直升机，它速度快、体积小、战术灵活多变，一般用来执行护航、反潜、反舰以及超视距引导等作战任务。

旋翼

　　四片旋翼桨叶，可手动折叠。

机身

　　机身为全金属半硬壳式结构，还可以防水。

起落架

　　三点式起落架，主起落架可向前收起。

卡-27反潜直升机 *海面护卫者*

　　卡-27反潜直升机是一种双发动机多用途军用直升机，绰号"蜗牛"。该直升机采用共轴反转双旋翼设计，机身结构紧凑，没有尾桨，适合在船上起降。在海面上既可以追踪敌方潜艇，也可以投放深水炸弹，是一名踏实可靠的"护卫者"。

★ 卡-27反潜直升机 ★

- 生 产 国：苏联
- 首飞时间：1974年
- 机　　长：11.3米
- 机　　高：5.4米
- 起飞限重：12600千克
- 最高速度：270千米/时
- 悬停高度：3500米（无地效）

卡-27反潜直升机主要配备406毫米自导鱼雷和深水炸弹等武器。

尾翼
　　尾翼装有升降舵，可以控制飞机的俯仰飞行。

起落架
　　起落架为不可收放的四点式，前起落架可以转向。

旋翼

　　旋翼由全复合材料制成，每层有三片桨叶，均能折叠。

操纵简便

　　卡-27反潜直升机采用同轴反转双旋翼结构，机身顶端有两组巨大的旋翼，两组旋翼的旋转方向相反。这种结构让操纵更简便，减轻驾驶员悬停和降落时的工作负担，在悬停时可以不受风向干扰，即使在恶劣天气条件下，也能正常完成海上作业。

卡-27反潜直升机装备了新型的"海蛇"电子系统与机载雷达。

AH-64A武装直升机 坦克猎手

　　AH-64系列武装直升机绰号"阿帕奇"，是专门用来摧毁对方坦克与装甲车辆的。AH-64A武装直升机是该系列直升机中第一种量产型号。该直升机生存能力强，机上装有先进的目标截获和飞行员夜视系统，可以在极端的气候条件下出色地完成作战任务。

★ AH-64A武装直升机 ★

- 生 产 国：美国
- 首飞时间：1975年
- 机　　长：17.76米
- 机　　高：4.05米
- 起飞限重：10433千克
- 最高速度：365千米/时
- 悬停高度：3605米（无地效）

AH-64A武装直升机主要配备4个外挂点，可挂载AGM-114地狱火反坦克导弹。

武装直升机

　　在军用直升机行列中，武装直升机是一种名副其实的攻击性武器装备，因此也可称为"攻击直升机"。实质上，它是一种超低空火力平台，其强大火力与特殊机动能力有机结合，可有效地对地面目标和超低空目标实施精准打击。

旋 翼

旋翼为改良式的全铰接式，有四片桨叶，桨叶有弯度。

▶AH-64A武装直升机前后舱均加装了特殊的装甲防护，能够有效抵御攻击。

起落架

该直升机采用不可收放的后三点式起落架。

座 舱

纵列式座舱，副驾驶员或炮手在前，驾驶员在后。

AR

AS532直升机 世界明星

　　AS532直升机，绰号"美洲狮"，是1978年研发的AS332"超级美洲豹"直升机的军用型号。该直升机舱内噪声低，两台发动机并列安装于机身背部，具有足够的动力和良好的应急功率；载重量大，能承载更多的油料和武器弹药；性能良好，灵活性高，战场生存能力强。

★ AS532直升机 ★

- 生 产 国：法国
- 首飞时间：1978年
- 机　　长：18.7米
- 机　　高：4.95米
- 起飞限重：9000千克
- 最高速度：278千米/时
- 悬停高度：2300米（无地效）

AS532直升机主要配备2挺20毫米机枪，海军型还能携带2枚AM39"飞鱼"反舰导弹。

精品力作

　　AS532直升机是当时不可多得的精品力作，让法国在直升机领域积累了丰富的研发经验。它凭借自身优越的性能，顺利出口至世界数十个国家。

▶AS532直升机凭借优越的性能，享誉世界。

旋 翼

旋翼为四片全铰接式桨叶。

起落架

起落架为液压可收放的前三点式。

卡-50武装直升机 空中黑鲨

卡-50武装直升机是世界上第一种采用同轴反转双旋翼结构布局的武装直升机，绰号"黑鲨"。该直升机没有尾桨，省去了尾桨和一整套尾桨操纵装置，在空战中具有很大的优势，大大提高了战斗生存能力，能够出色地执行反舰、反潜、搜索、救援以及电子侦察等任务。

★ 卡-50武装直升机 ★

- 生 产 国：苏联
- 首飞时间：1982年
- 机　　长：16米
- 机　　高：4.93米
- 起飞限重：8800千克
- 最高速度：310千米/时
- 悬停高度：4000米（无地效）

卡-50武装直升机主要配备2A42型30毫米机炮，AF9旋风反坦克导弹等。

防护
50毫米的防弹玻璃，能抵挡大部分轻武器攻击。

旋翼

　　旋翼的六片桨叶分上下两层，每层各三片。启动弹射座椅时螺旋桨会爆炸脱离机身，以免误伤飞行员。

▶卡-50武装直升机可以携带多种导弹，载弹量为3000千克。

挂架

　　每侧机翼下有两个挂架，可挂导弹、火箭弹或外部油箱。

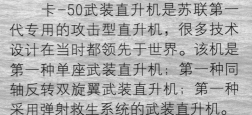

世界领先

　　卡-50武装直升机是苏联第一代专用的攻击型直升机，很多技术设计在当时都领先于世界。该机是第一种单座武装直升机；第一种同轴反转双旋翼武装直升机；第一种采用弹射救生系统的武装直升机。

23

AH-1W武装直升机 超级眼镜蛇

AH-1W武装直升机绰号"超级眼镜蛇"，该飞机采用流线型机身设计，外部轮廓低而窄，体积很小，便于隐蔽，甚至能在丛林中飞行。AH-1W武装直升机采用大功率双涡轮发动机系统，动力十足，机身上还能挂载多种外挂武器。

驾驶舱

驾驶舱为纵列式布局，射手在前，驾驶员在后。

★ AH-1W武装直升机 ★

- 生 产 国：美国
- 首飞时间：1983年
- 机　　长：13.6米
- 机　　高：4.15米
- 起飞限重：6690千克
- 最高速度：352千米/时
- 悬停高度：4495米（有地效）

AH-1W武装直升机主要配备8枚"陶"式导弹、8枚"地狱火"导弹和M197型20毫米机炮。

卓越战绩

　　AH-1W武装直升机战绩卓越，曾在一次战役中创造了摧毁97辆坦克、104辆装甲输送车且没有造成自身任何战斗损失的傲人战绩。

尾翼

　　尾翼为垂直式尾翼，后掠角较大，有两片桨叶。

▶AH-1W武装直升机稳定性比较强，在肆虐的风沙中也能自由起降。

起落架

　　采用滑橇式起落架，这种起落架适用于轻型直升机。

V-22倾转旋翼机 *灵活的鱼鹰*

V-22倾转旋翼机外形看起来和其他直升机不太一样，它是一种既具备直升机的垂直起降能力，又拥有固定翼螺旋桨飞机速度快、航程远等优点的直升机，绰号"鱼鹰"。该机战场表现灵活多变，可以胜任各种作战及救援任务。

★ V-22倾转旋翼机 ★

- 生 产 国：美国
- 首飞时间：1989年
- 机　　长：17.5米
- 机　　高：6.73米
- 起飞限重：27400千克
- 最高速度：509千米/时
- 悬停高度：4331米（无地效）

V-22倾转旋翼机主要配备若干挺12.7毫米M2重机枪。

▶V-22倾转旋翼机的油耗比普通直升机还要低。

 旋翼角度

　　V-22倾转旋翼机的旋翼是可以在飞行中调整角度的，当直升机起飞、降落和悬停的时候，旋翼轴会垂直于地面；当直升机达到一定的速度，旋翼轴旋转90度，平行于地面，此时飞机可以保持较高的速度远程飞行。

旋翼

　　根据不同需求，可以在飞行中随时调整旋翼角度。

旋翼臂

　　旋翼臂可以多角度旋转，帮助旋翼调整角度。

机身

　　机身有超过43%采用复合材料制造，金属件很少。

起落架

　　采用可收放的三点式起落架。

JU87B-1轰炸机 死神之吼

　　JU87系列轰炸机，绰号"图斯卡"，其中，JU87B-1轰炸机是第二次世界大战时期生产的标准型号。该系列飞机结构坚固，可经受大角度的急速俯冲，俯冲时机身基本没有晃动，大大增加了投弹的命中率。俯冲时还会发出尖锐的声音，如同死神之吼，让人闻风丧胆。

★ JU87B-1轰炸机 ★

- 生 产 国：德国
- 首飞时间：1935年
- 机　　长：11米
- 机　　高：4米
- 起飞限重：4340千克
- 最高速度：383千米/时
- 升　　限：8200米

JU87B-1轰炸机主要配备3挺7.92毫米轻机枪，还可以携带炸弹约500千克。

JU87B-1轰炸机最容易辨认的就是它那对略微向上弯曲的机翼。

螺旋桨

金属制可调式三叶螺旋桨，保持动力强劲。

JU87系列轰炸机自诞生之日起就参加了很多战役：1936年，3架JU87A-1轰炸机参加了西班牙内战；1939年，大量JU87B轰炸机对波兰进行轰炸；1940年5月，多架JU87B轰炸机在法国上空呼啸而过，成为可怕的恐怖制造者……

起落架

固定式起落架上装有发声气笛，是其俯冲时的发声装置。

B-17G重型轰炸机 坚强模范

　　B-17G重型轰炸机是B-17重型轰炸机家族中产量最多的型号。B-17系列是美国制造的最著名的重型轰炸机，绰号"飞行堡垒"。与同期的其他轰炸机相比，该轰炸机体积大、速度快、航程远，具有优良的高空战斗性能与生存能力，在遭受战斗重创后，仍然可以继续作战。

★ B-17G重型轰炸机 ★

- 生 产 国：美国
- 首飞时间：1935年
- 机　　长：22.66米
- 机　　高：5.82米
- 起飞限重：29700千克
- 最高速度：462千米/时
- 升　　限：10850米

B-17G重型轰炸机主要配备大约13挺12.7毫米勃朗宁机枪。

突出表现

　　B-17G重型轰炸机用来对付水面目标非常有效，甚至可以摧毁战舰之类的大型目标。它取得的首次战果是在菲律宾吕宋岛的外海一举击沉了日军战舰。

电动机枪塔

　　这一装置彻底解决了B-17轰炸机早期型12点钟方向防卫火力匮乏的问题。

尾炮塔

　　该轰炸机配备改进后的尾炮塔，采用反射式瞄准方式。

▶B-17G重型轰炸机参与了美国空军在欧洲实行的大规模昼间轰炸。

BF110E-1战斗轰炸机 空中破坏者

　　BF110系列战斗机拥有超强的轰炸破坏能力，因此也被称为"破坏者"。BF110E-1战斗轰炸机是BF110系列战斗机中的战斗轰炸型，拥有灵活的战术方式，如遇敌方伏击，驾驶员会采用圆形走马灯式的战术，使机与机之间头尾相接，彼此掩护，等待时机发起反攻。在战斗中可以承担护航任务，也可以用于夜间防空作战。

★ BF110E-1战斗轰炸机 ★

- 生产国：德国
- 首飞时间：1936年
- 机　　长：12.65米
- 机　　高：4.12米
- 起飞限重：6925千克
- 最高速度：548千米/时
- 升　　限：10000米

BF110E-1战斗轰炸机机翼下可挂载4枚50千克炸弹与1~2枚1000千克大炸弹。

座舱

　　机身前段是三座纵列座舱，分别乘坐飞行员、雷达手和射手。

机头

　　机头装有机载雷达，近距和远距会采用不同型号。

▶BF110E-1后期被改良成一款专职的夜间轰炸机，成为夜战部队的主力，即BF110G型。

功不可没

BF110E-1战斗轰炸机装有燃油直接喷射装置，在飞行中做翻滚动作时，也不会因为断油而导致发动机熄火。凭借强大的火力和超高的速度，BF110E-1轰炸机曾在多次战役中发挥巨大作用。

B-24D轰炸机 解放者战机

B-24D轰炸机是B-24系列轰炸机大量生产的型号。该系列轰炸机绰号"解放者",曾多次出现在第二次世界大战的战场上。B-24D轰炸机机身粗壮、载弹量大,航程更是能达到约5900千米,不但具备超强实用性,而且战场生存能力也不错。

起落架
采用前三点式起落架,飞行时会被收入舱内。

★ B-24D轰炸机 ★

- 生 产 国:美国
- 首飞时间:1939年
- 机 长:20.6米
- 机 高:5.5米
- 起飞限重:29500千克
- 最高速度:470千米/时
- 升 限:8540米

B-24D轰炸机主要配备10挺12.7毫米机枪,并可携带各类炸弹。

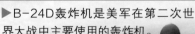

▶B-24D轰炸机是美军在第二次世界大战中主要使用的轰炸机。

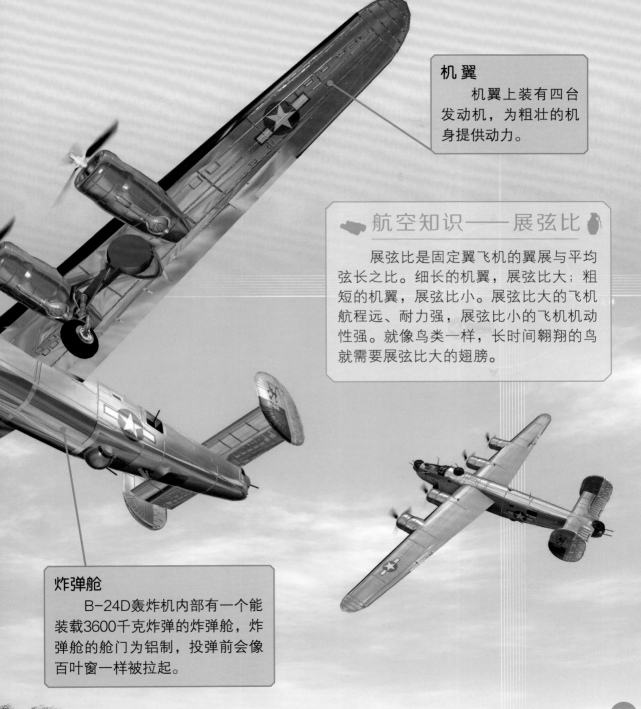

机翼

　　机翼上装有四台发动机，为粗壮的机身提供动力。

航空知识——展弦比

　　展弦比是固定翼飞机的翼展与平均弦长之比。细长的机翼，展弦比大；粗短的机翼，展弦比小。展弦比大的飞机航程远、耐力强，展弦比小的飞机机动性强。就像鸟类一样，长时间翱翔的鸟就需要展弦比大的翅膀。

炸弹舱

　　B-24D轰炸机内部有一个能装载3600千克炸弹的炸弹舱，炸弹舱的舱门为铝制，投弹前会像百叶窗一样被拉起。

JU188E-1轰炸机 多种机型

　　JU188E-1轰炸机是JU188系列轰炸机的一种。JU188系列是第二次世界大战期间设计制造的高性能中型战机，包括轰炸机、侦察机等多种机型。该系列均采用颇具特色的大型蛋形全透明机头座舱，驾驶员视野非常开阔。

★ JU188E-1轰炸机 ★

- 生 产 国：德国
- 首飞时间：1940年
- 机　　长：15米
- 机　　高：4.4米
- 起飞限重：15195千克
- 最高速度：539千米/时
- 升　　限：10000米

JU188E-1轰炸机主要配备1门20毫米机炮，3挺13毫米机枪。

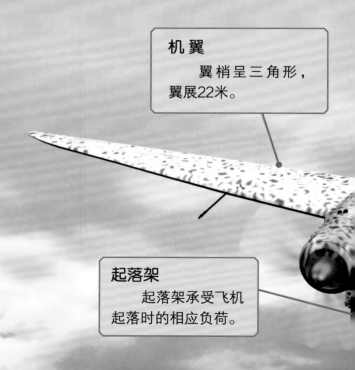

机翼
　　翼梢呈三角形，翼展22米。

起落架
　　起落架承受飞机起落时的相应负荷。

多种机型

JU188系列战机包含多种不同机型，JU188A/E轰炸机是同时交付使用的基础型，JU188G/H轰炸机为改进型，JU188D/F为远程侦察机。

▶ JU188E-1轰炸机的连续航行距离约为3395千米。

驾驶舱

全玻璃加压驾驶舱，让飞行员视野极为开阔。

B-29重型轰炸机 超级堡垒

　　B-29重型轰炸机绰号"超级堡垒"，可以完成长距离的水平战略轰炸任务。该飞机机身细长，携弹量大，是第二次世界大战时期美国在亚洲战场的主力轰炸机。别看它机体巨大，但一点儿都不笨重，飞行速度超越了同时期的很多战机。

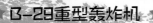

★ B-29重型轰炸机 ★

- 生 产 国：美国
- 首飞时间：1942年
- 机　　长：30.18米
- 机　　高：8.49米
- 起飞限重：60560千克
- 最高速度：574千米/时
- 升　　限：10241米

发动机

　　发动机上安装螺旋桨，可以降低耗油量，增强续航能力。

B-29重型轰炸机主要配备1门20毫米航炮，并可携带多种规格炸弹。

▶B-29重型轰炸机适当缩小了座舱，加大了炸弹舱，增大了装弹量。

　　1943年，在我国抗日战争最艰苦的阶段，美国的超重型轰炸机连队驾驶着B-29重型轰炸机翻越青藏高原为我国送来大量战略物资。1945年，B-29重型轰炸机在日本广岛和长崎分别投下原子弹，终结了日本法西斯的美梦。

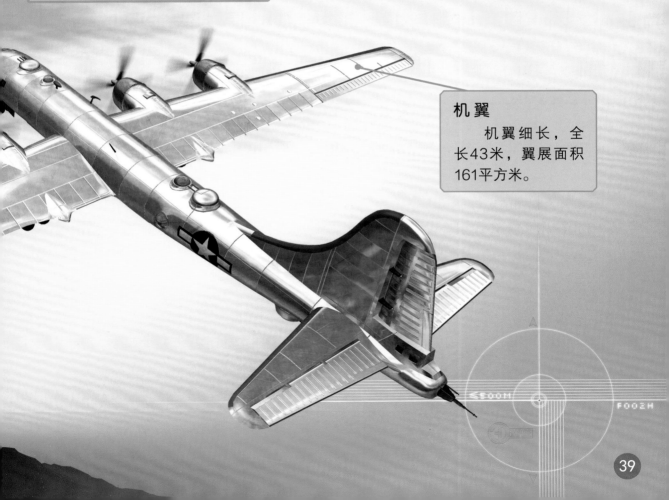

机翼

　　机翼细长，全长43米，翼展面积161平方米。

图-16轰炸机 精准斗士

图-16轰炸机绰号"獾"。该飞机攻击力强，防区外打击能力精准。该系列轰炸机分为A、B、C、D、E、F、G、H、J、K、L十一种型号，共生产约2000架，除远程轰炸外，还可以执行空中侦察、空中加油、电子干扰等任务。我国空军现在仍在服役的轰-6轰炸机，就是在该飞机的基础上研制的。

★ 图-16轰炸机 ★

- 生产国：苏联
- 首飞时间：1952年
- 机　长：34.8米
- 机　高：10.36米
- 起飞限重：79000千克
- 最高速度：1050千米/时
- 升　限：12800米

图-16轰炸机主要配备7门AM-23型机炮，还可携带空对地导弹。

机翼

机翼由中央翼、左右内翼、左右外翼组成，所有翼面均后掠。

▶图-16轰炸机上，飞行员座舱前玻璃和领航员前面的瞄准玻璃，采用电热防冰装置。

机身

机身为全金属半硬壳结构，椭圆形截面。

尾翼

尾翼为悬臂式全金属结构，平尾和垂尾均有较大后掠角。

首次空投

1964年，我国第一颗原子弹研制成功，但没有运载工具。最后由副团长李源一等人驾驶图-16轰炸机执行了我国首次空投原子弹的任务，并获成功。

B-52H战略轰炸机 空中堡垒

　　B-52H战略轰炸机是B-52系列轰炸机中的最新改进型，该系列轰炸机绰号"同温层堡垒"。B-52H战略轰炸机机翼巨大，机身升力大、阻力小、稳定性强。机身内部载弹空间大，还配有红外夜视仪，可在夜间或恶劣气象条件下低空突防。

★ B-52H战略轰炸机 ★

- 生 产 国：美国
- 首飞时间：1960年
- 机　　长：49.5米
- 机　　高：12.4米
- 起飞限重：220000千克
- 最高速度：1000千米/时
- 升　　限：15000米

B-52H战略轰炸机主要配备20枚空地导弹，1门20毫米机炮。

机翼

　　翼展56.4米，呈梯形，翼下有足够空间挂载大量弹药。

多种型号

　　B-52系列轰炸机有多种型号，其中B-52B是第一批生产型，B-52C是在B-52B基础上改进而来的，还有B-52E、B-52F型。B-52G是改动最大的型号，B-52H是G型的改进型，是B-52系列轰炸机中最后一个型号。

▶B-52H战略轰炸机1961年装备部队，总产量为102架。

发动机短舱

　　发动机短舱依靠悬臂吊挂在翼下，突出于机翼前缘，可有效保护发动机，还可安装红外诱饵发射器。

机身

　　机身是全金属半硬壳设计，加压座舱可乘5名机组人员。

苏-24战斗轰炸机 空中击剑手

苏-24战斗轰炸机是超声速、全天候战斗轰炸机，绰号"击剑手"，总产量超过1000架，它不仅装备了苏联部队，还外销到多个国家。该飞机装有惯性导航系统，使其无须地面的指挥引导就能远距离飞行，可以深入敌境执行轰炸任务。

★ 苏-24战斗轰炸机 ★

- 生 产 国：苏联
- 首飞时间：1970年
- 机 长：22.53米
- 机 高：4.97米
- 起飞限重：43755千克
- 最高速度：1654千米/时
- 升 限：11000米

机翼

机翼采用可变的后掠翼，后掠角能在15度、35度、45度、69度间调节。

苏-24战斗轰炸机可携带空对空导弹、空地导弹、航空炸弹等。

▶苏-24战斗轰炸机有多个外挂点，能携带约8000千克重的外挂载荷。

研发历史

苏-24战斗轰炸机的研发是在地对空导弹飞速发展的背景下开始的，研究人员要研制一种飞机，使其能在致命的防空火力下生存下来。因此，该飞机第一次装备了以计算机轰炸瞄准系统和地形规避系统为核心的火力控制系统。

机身

机身为全金属半硬壳式结构，降低了飞机的整体质量。

进气口

机身两侧进气，进气口为矩形，截面较小，有可调节的斜板。

B-2战略轰炸机 空中幽灵

B-2战略轰炸机绰号"幽灵"，机身扁平，机头略向下垂，机翼后缘呈"W"形，与机身融为一体，看起来就像一只浑身漆黑的大蝙蝠。该飞机机身上的所有武器都能收到舱内，这样不仅能减少飞行阻力，还能躲避雷达的侦测，达到隐身飞行的目的。它是目前世界上唯一一款隐身战略轰炸机。

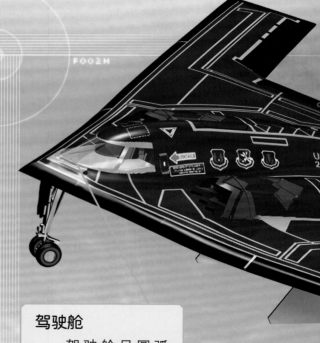

★ B-2战略轰炸机 ★

- 生 产 国：美国
- 首飞时间：1989年
- 机　　长：21米
- 机　　高：5.18米
- 起飞限重：170600千克
- 最高速度：1163千米/时
- 升　　限：15200米

B-2战略轰炸机可以配备B61钻地核弹、B83战略核弹等。

驾驶舱

驾驶舱呈圆弧形，可以让探测雷达信号从舱外滑过，无法确定飞机位置。

机身维护

B-2战略轰炸机机身上涂有可以吸收雷达讯号的特殊涂料，但在高速飞行中，这种涂料会被磨损。因此，每次飞行后，技术人员都要对B-2战略轰炸机进行修复，对修复环境的要求非常苛刻，成本也很高。

▶一架B-2战略轰炸机的造价能达到8.4亿美元。

机身

机身上的特殊涂料不只对雷达波，也对红外线、可见光、噪声等不同讯号，有很好的规避效果。

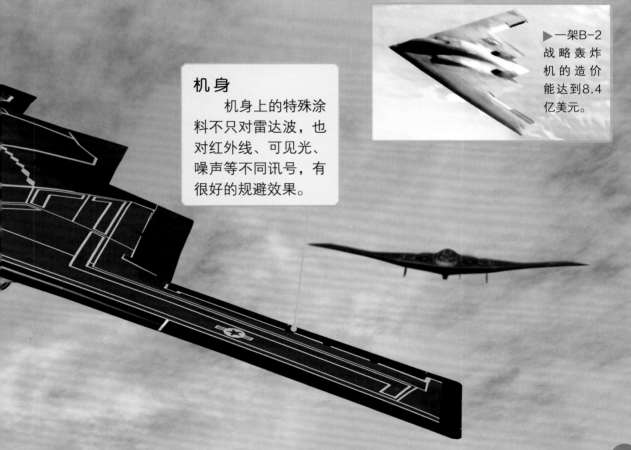

A-4舰载攻击机 天鹰战机

A-4舰载攻击机绰号"天鹰"，是一种单座单发轻型舰载攻击机。该飞机凭借自身优越的性能成为当时速度最快的攻击机，而且它造价低廉、结构简单，主要用于对海上和沿岸目标进行常规轰炸，执行近距支援和截击任务。

★ A-4舰载攻击机 ★

- 生产国：美国
- 首飞时间：1954年
- 机　长：16.26米
- 机　高：4.47米
- 起飞限重：11136千克
- 最高速度：1083千米/时
- 升　限：12880米

A-4舰载攻击机主要配备Mk 80系列常规炸弹、AGM-65"小牛"空地导弹等。

机身

机身为全金属半硬壳结构，分前、后两部分，可拆卸，方便保养。

▶A-4舰载攻击机的结构简单，大大节省了维修时间和人工成本。

起落架

前起落架较长，保证起飞时飞机有足够的离地高度。

 战功卓越

A-4舰载攻击机在几次局部战争中都有很好的表现。马岛之战中，阿根廷用A-4舰载攻击机击沉了英国的"考文垂号"导弹驱逐舰，创造了老式飞机击沉现代化军舰的先例。

A-7E攻击机 亚声速战机

　　A-7E攻击机是A-7系列攻击机中的海军舰载机型号，该系列攻击机绰号"海盗"。A-7E攻击机装备了大推力"斯贝"发动机，使其可以达到亚声速的飞行速度，机身还安装了红外探测器，便于在夜间航行。该机航程远、载弹量多，可以利用常规武器进行空中战斗。

★ A-7E攻击机 ★

- 生 产 国：美国
- 首飞时间：1965年
- 机　　长：14.06米
- 机　　高：4.9米
- 起飞限重：19050千克
- 最高速度：1041千米/时
- 升　　限：14780米

A-7E攻击机主要配备1门20毫米机炮以及"响尾蛇"导弹等。

尾 翼

　　垂直的尾翼上端切去了一角，便于降落在航空母舰上。

▶A-7E攻击机与同期服役的其他同类飞机相比，堪称最具性价比的武器系统。

驾驶舱
　　驾驶舱为半弧形，舱内装有弹射座椅。

机 翼
　　可折叠式机翼能节省宝贵的航母空间。

另类的设计
　　在低空突防时，超声速飞机与高亚声速飞机在速度上没有多少区别，但高亚声速飞机却可以消耗更少的燃料，所以A-7E系列攻击机就被设计成一种高亚声速攻击机，这样既降低了成本，又满足了基本需求。

A-10攻击机 低空战神

A-10攻击机是单座、双发动机、近距离支援型攻击机。它最大的优势是可以借助自身超低的飞行高度，精准地对地面目标进行大火力进攻，主要用于攻击地面坦克和装甲车群。该机安全系数高、维护简便、机动性能强，也被称为"雷电Ⅱ"。

★ A-10攻击机 ★

- 生 产 国：美国
- 首飞时间：1972年
- 机　　长：16.26米
- 机　　高：4.47米
- 起飞限重：23000千克
- 最高速度：833千米/时
- 升　　限：13700米

A-10攻击机配备1门30毫米机炮，可挂载各种对地攻击导弹。

机翼

长长的机翼，不仅可以提高航程，还有助于实现短距起降。

坦克的天敌

A-10攻击机曾经屡建战功，被誉为"坦克的天敌"，它们可以在距离地面只有10米的高度展开攻击，所携带的红外制导导弹能追踪坦克发出的红外线，一举将其击毁。

发动机

两台发动机位于机身后端，相互距离比较远，可以降低同时被击中的风险。

▶A-10攻击机的两个垂直尾翼能遮蔽发动机排出的气流，增强隐蔽性。

机身

机身为全金属半硬壳式结构，内侧衬有防弹纤维，防护性较强。

AV-8B攻击机 空中格斗者

　　AV-8B攻击机采用动力十足的"飞马"发动机，加大了垂直和短距起降的推力，改善了瞬时盘旋性能，提高了空中格斗能力。该飞机还装有红外探测、夜视仪等夜间攻击设备，提升了夜战能力。

★ AV-8B攻击机 ★

- 生 产 国：美国、英国
- 首飞时间：1981年
- 机　　长：14.11米
- 机　　高：3.55米
- 起飞限重：14061千克
　　　　　（短距起飞）
- 最高速度：1083千米/时
- 升　　限：15240米

AV-8B攻击机可携带16枚MK-82炸弹和多种导弹。

机翼
　　机翼由碳纤维复合材料制成，还加装了升力辅助装置。

尾翼

尾翼包括垂直尾翼和水平尾翼，可以控制飞机的升降和偏转。

垂直/短距起降

AV-8B攻击机是一种可以垂直/短距起降的攻击机。最开始，大部分战机都依赖机场或航空母舰的跑道滑行起飞。跑道一旦被破坏，飞机就无法升空作战。于是，可以垂直/短距起降的飞机就应运而生了。

▶AV-8B攻击机是从英国"鹞"式攻击机改进而来的，被称为"鹞Ⅱ"。

F/A-18E攻击机 双重身份

  F/A-18攻击机，绰号"大黄蜂"。该系列飞机拥有多种型号，其中F/A-18E是当时最先进的一款超声速攻击机，被称为"超级大黄蜂"。F/A-18系列攻击机是一种既可以作为攻击机使用，又可以作为战斗机使用的舰载飞机，它的载弹量多，武器投射精度高，可靠性强，维修简单，有较强的战场生存能力。

★ F/A-18E攻击机 ★

- 生 产 国：美国
- 首飞时间：1995年
- 机　　长：18.31米
- 机　　高：4.88米
- 起飞限重：29938千克
- 最高速度：1960千米/时
- 升　　限：15000米

F/A-18E攻击机共有9个外挂架，可携带多种空对空、空对地导弹。

▶改进型的F/A-18E采用了隐身外形设计，并在涂漆内加入了吸收雷达辐射的材料。

尾翼

　直尾翼位于水平尾翼和机翼之间，角度略向外倾斜。

机翼

　该机翼可以向上折叠，节省空间。

 "雄猫"与"大黄蜂"

　自20世纪70年代开始，F-14"雄猫"战斗机一直是美国航空母舰上首选的舰载战斗机。但随着F/A-18"大黄蜂"攻击机装备部队，并以其空战多面手的特点与相对低廉的造价受到广泛欢迎后，逐渐取代了F-14"雄猫"主力战斗机的位置。

BF109战斗机 王牌座驾

　　BF109系列战斗机有十几种改进型，各型号的生产总量超过33000架。该系列战机能胜任包括截击、支援、夜间战斗、侦察、护航和水平轰炸在内的多种任务，也是目前世界上生产数量最多的战斗机。

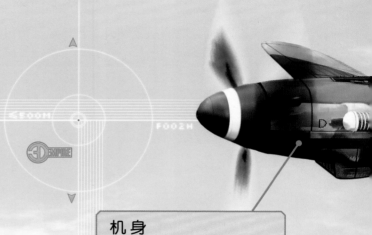

★ BF109E-3战斗机 ★

- 生 产 国：德国
- 首飞时间：1935年
- 机　　长：8.64米
- 机　　高：2.6米
- 起飞限重：2505千克
- 最高速度：570千米/时
- 升　　限：10500米

BF109E-3战斗机主要配备2门机炮，2挺MG17机枪。

机身

　　全金属机身（薄铝板）能显著增强其防护能力。

座舱

　　封闭式座舱，为了节省空间，座舱内给飞行员预留的空间相对狭窄。

　　在第二次世界大战中，前三名的王牌飞行员都是驾驶着BF109战斗机创下优秀战绩的，可见该战斗机是活塞式战斗机中的佼佼者。

▶ 在第二次世界大战中，BF109战斗机以其优异的性能让德国空军占尽了优势。

59

F4U战斗机 空中海盗

　　F4U战斗机是一种舰载战斗机，绰号"海盗"。该机机身小巧，铸造工艺先进，造型独特，是一种舰载战斗机。着舰钩和尾轮在起飞后都能收于轮舱内，可进一步减小飞行阻力。该飞机在作战过程中主要负责对地攻击和近接支援，战场表现十分出众。

★ F4U战斗机 ★

- 生 产 国：美国
- 首飞时间：1940年
- 机 　 长：10.26米
- 机 　 高：4.9米
- 起飞限重：6654千克
- 最高速度：718千米/时
- 升 　 限：12649米

F4U战斗机主要配备6挺12.7毫米M2重机枪。

机翼

　　机翼为倒海鸥翼布局，外段可以向上折叠。

呼啸死神

　　F4U战斗机的机翼根部有一个增压器的进气口。在飞机高速俯冲时，流经进气口的空气会使进气口发出尖厉的哨音，这让它赢得了"呼啸死神"的称号。

螺旋桨

　　超大螺旋桨，为了避免飞机降落时螺旋桨碰到甲板，工程师设计了一个坚固的起落架。

▶F4U战斗机的飞行速度可以接近当时喷气式飞机的速度。

Me 163B战斗机 火箭动力

Me 163B战斗机是Me 163系列战斗机中产量最多的一种，绰号"彗星"。该飞机是世界上第一种以火箭发动机为动力的战斗机，也是世界上第一种投入战斗的无水平尾翼的战斗机，还是第二次世界大战中飞行速度及爬升速度最快的战斗机。

★ Me 163B战斗机 ★

- 生 产 国：德国
- 首飞时间：1941年
- 机　　长：5.98米
- 机　　高：2.75米
- 起飞限重：4310千克
- 最高速度：965千米/时
- 升　　限：12000米

Me 163B战斗机主要配备2门30毫米MK108机炮。

特殊战斗程序

Me 163B战斗机起飞后，可以在爬升过程中编队，在地面雷达引导下飞至目标机群上方1000米处，积累一定的势能，以高速滑翔的方法占据最佳攻击位置，然后以近乎垂直的俯冲技巧接近目标并开火。

▶ 高速飞行是Me 163B战斗机的拿手好戏，能够成功躲避敌人的攻击。

机头
　　机头安装着一个驱动发电机的"小风车"。

机翼
　　木质机翼，安装于水滴形的全金属机身上。

PBY-5A水上飞机 优雅的战士

　　PBY-5A水上飞机是PBY系列水上飞机的改进型，该系列飞机有一个优雅的别称叫"卡特琳娜"，虽然听上去有些女性化，但它一点儿都不温柔。PBY系列水上飞机操纵性好、续航能力强、水上作战能力出色，能够为水面上的舰队提供有效的空中保护，在水上飞机中久负盛名。

★ PBY-5A水上飞机 ★

- 生 产 国：美国
- 首飞时间：1935年
- 机　　长：19.46米
- 机　　高：6.15米
- 起飞限重：35420千克
- 最高速度：314千米/时
- 升　　限：4000米

PBY-5A水上飞机主要配备2挺M2重机枪和3挺M1919机枪。

机头
　　机头前端为多角形轰炸瞄准舱和炮塔，后面是多人驾驶舱。

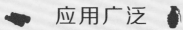

应用广泛

　　PBY系列水上飞机从服役开始，作战区域就遍及全球四大洋。生产前后持续了10年，各型号的生产总量超过第二次世界大战时期其他水上飞机生产数量的总和。多用于执行反潜、救援、轰炸、侦察、人员运输等任务。

▶ PBY-5A水上飞机曾经使用特殊战术，取得了战争胜利。

浮筒

　　浮筒在起飞后可以收起，与机翼连为一体，水上降落时再打开。

机身

　　机身呈船形，机舱内部有5个隔水舱，大大提高了飞机的抗沉能力。

"强风"水上战斗机 水上王者

　　"强风"水上战斗机是一种可以在水面起降的、用于战斗的水上飞机，多用来执行舰队的侦察、反潜、救援等任务。该飞机机身中部隆起，前后收窄，呈纺锤形，这样的设计能大大降低飞行阻力，提升飞行速度。

★ "强风"水上战斗机 ★

- 生 产 国：日本
- 首飞时间：1942年
- 机　　长：10.6米
- 机　　高：4.75米
- 起飞限重：3500千克
- 最高速度：484千米/时
- 升　　限：10560米

"强风"水上战斗机主要配备2挺九九式二号三型机炮，2挺7.7毫米机枪。

螺旋桨
　　螺旋桨有3个桨叶，结构简单，故障率低。

主浮筒
　　主浮筒内增设油箱，保证了续航，也节省了空间。

虽然"强风"水上战斗机的战斗能力不错，但随着水上作战任务的减少，它便没有了用武之地，于1944年全面停产，总产量97架。

机翼

　　机翼装有自动空战襟翼，保证飞机的飞行性能。

副浮筒

　　副浮筒可以避免飞机起降时向两侧倾斜。

▶ "强风"水上战斗机的速度是水上飞机中数一数二的。

P-61C战斗机 暗夜黑寡妇

　　P-61C战斗机是P-61战斗机的改进型,该飞机外形奇特,擅长夜袭,被称为"黑寡妇"。该系列飞机是美国设计的第一种利用雷达导航系统在夜间进行空中格斗的战斗机。机身常被涂成黑色,在夜间执行任务时便于隐蔽,一旦发现目标,就以猛烈的火力将其击落。

★ P-61C战斗机 ★

- 生　产　国：美国
- 首飞时间：1942年
- 机　　长：15.1米
- 机　　高：4.47米
- 起飞限重：14700千克
- 最高速度：692千米/时
- 升　　限：12500米

P-61C战斗机主要配备4门20毫米航空火炮,4挺M2重机枪。

▶P-61C战斗机安装了涡轮增压器和当时最先进的机载雷达。

机翼

　　机翼下方有减速板,保证截击时可以及时减速,防止冲过目标。

尾翼

　　两个垂直尾翼由水平尾翼相连，呈并联双立尾式。

驾驶舱

　　驾驶舱有阶梯状座舱盖，给机枪手提供了良好的视野。

 战机隐身术

　　为了执行隐蔽任务，很多战斗机都会被临时涂上和环境相近的颜色，比如在沙漠会涂上黄色迷彩，在雪原就会涂上白色，在丛林会被涂上绿色迷彩等，这种隐身术，在合适的环境中经常会让飞机融入背景，分辨不出。P-61C战斗机是最早采用隐身术的战斗机之一。

米格-21MF战斗机 返航强者

米格-21MF战斗机是米格-21系列战斗机中的一种。该系列战斗机是苏联在20世纪50年代研制的一种轻型超声速战斗机，先后装备于50多个国家和地区的空军。该系列飞机机身轻便灵活，爬升速度快，操纵性好，飞机上的电子设备使其具有良好的着陆能力，即使在恶劣气象条件下，也只需较少的燃油就能返回基地。

★ 米格-21MF战斗机 ★

- 生 产 国：苏联
- 首飞时间：1956年
- 机　　长：14.1米
- 机　　高：4.13米
- 起飞限重：9600千克
- 最高速度：2230千米/时
- 升　　限：18000米

米格-21MF战斗机主要配备1门23毫米双管机炮，4枚空对空或空对地导弹。

机头
机头上装有进气道和雷达。

▶ 米格-21MF战斗机主要任务是高空高速截击、侦察。

机翼

　　大而薄的后掠角三角形机翼。

 风云战斗机

　　在战斗机发展史中，米格-21系列战斗机称得上是"风云战斗机"。该系列飞机包括各种改进型，生产总量超过10000架，居超声喷气式战斗机之首。此外，米格-21系列战斗机还曾经创下每年出口200架左右的军事交易记录。

F-111F战斗机 变后掠翼

　　F-111F战斗机是F-111系列战斗机中的改进型号，该系列飞机是世界上最早的可变后掠翼战机，即机翼后掠角在飞行中可以改变的飞机，绰号"土豚"。F-111系列战斗机航程远、载弹量大、能全天候作战，在复杂气象条件下也能出色地完成任务。

★ F-111F战斗机 ★

- 生 产 国：美国
- 首飞时间：1964年
- 机　　长：22.4米
- 机　　高：5.22米
- 起飞限重：44896千克
- 最高速度：3000千米/时
- 升　　限：17270米

F-111F战斗机主要配备1门20毫米机炮，可挂载多种炸弹。

F-111F战斗机机翼可挂载各式炸弹或核弹。

外挂点

　　该飞机的外挂武器需要根据机翼后掠角度的变化而调整。

机 翼

　　机翼后掠角能在飞行中改变角度，从而改变飞机的起落性能。

起落架

　　起落架为前三点式。

战机家族

　　F-111系列战斗机是一个庞大的战机家族，包括A、B、C、D、E、F、G七大基本机型。其中F-111A战斗机是以对地攻击为主的空军型，F-111B战斗机是以截击为主的海军型，F-111F战斗机是该系列中最成功的改进型。

"幼狮"战斗机 以色列战机

　　"幼狮"战斗机是一种单座超声速多用途战斗机。该飞机可执行制空、截击和对地攻击任务，是以色列生产的第一种国产战斗机。它是在法国"幻影"战斗机的基础上发展改进来的。

★ "幼狮"战斗机 ★

- 生 产 国：以色列
- 首飞时间：1973年
- 机　　长：15.65米
- 机　　高：4.55米
- 起飞限重：16900千克
- 最高速度：2440千米/时
- 升　　限：17680米

"幼狮"战斗机主要配备1门30毫米航炮。

前翼
　　鸭式前翼较短小，不会遮挡视线，机动飞行时可以拆除。

艰难的研制

阿以战争时，法国出售给以色列的"幻影"战斗机发挥了重要作用，但战争结束后，法国不再向以色列出售战斗机。以色列决定研制自己的战斗机，他们就以情报部门窃取到的"幻影"发动机图纸为基础，研发出了"幼狮"超声速战斗机。

▶"幼狮"战斗机由于是偷录图纸，零部件没办法自给自足，所以只能小批量生产，总产量只有27架。

机身

机身采用金属框架与复合材料相结合的全金属半硬壳结构，整体质量轻。

雷达

该战斗机装备了先进的EL/M-2032有源相控阵雷达。

F-15E战斗机 制空战鹰

　　F-15E战斗机是F-15系列战斗机中的一员，是一种全天候、超声速战斗轰炸机，兼备对地和对空作战的双重能力。F-15系列战斗机绰号"鹰"，它既能用于夺取制空权，又能对地面目标进行攻击。该战斗机机身硕大，飞行速度快，作战半径适中，是重型战斗轰炸机的代表，目前仍在美国服役。

★ F-15E战斗机 ★

- 生 产 国：美国
- 首飞时间：1986年
- 机　　长：19.45米
- 机　　高：5.65米
- 起飞限重：36741千克
- 最高速度：3062千米/时
- 升　　限：18000米

F-15E战斗机主要配备空对空导弹、空对地导弹及核弹等，并且还装备了一座M61A1 20毫米机炮。

机头

　　机头为铝合金结构，内部装有雷达。

火力强悍

　　F-15E战斗机有12个武器外挂点，可携带10吨弹药（包括核弹）及运载火箭。这与我国最先进的轰炸机轰-6K几乎一样。

驾驶舱

　　全透明驾驶舱罩，保证驾驶员操纵战斗机时观察视野无死角。

尾翼

　　双垂尾翼减小了雷达反射面积，提高了飞机的机动性。

机翼

　　机翼为固定式三角形单翼，前缘后掠45度。

▶F-15E战斗机具有优越的机动性、操纵性和强大的火力。

C-130系列运输机 运输大力神

C-130系列运输机绰号"大力神"，超强的运输能力是其最大的特点。该系列飞机的生产数量多、使用时间长，能经受住多种考验。C-130J运输机被称为"超级大力神"，是C-130系列运输机的发展型，该机在原型机的基础上更新了大量的先进设备，提高了战斗性能。

机翼

机翼为全金属双梁受力蒙皮结构，翼展约40米。

★ C-130J运输机 ★

- 生产国：美国
- 首飞时间：1996年
- 机　　长：29.79米
- 机　　高：11.84米
- 起飞限重：74400千克
- 最高速度：671千米/时
- 升　　限：8615米

C-130J运输机是战术运输机，战术运输机也称近程运输机，是指在作战区域附近进行人员和货物近距离运输的运输机。

▶ C-130系列运输机既能在前线简易跑道着陆，又能在崎岖地形上起降。

发动机

装有4台涡轮螺旋桨发动机，让飞机拥有超强动力。

多才多艺

C-130系列运输机包含多种改进型，在战争中可执行运送或空降士兵、空投战斗物资、撤离伤员等任务。该系列飞机经过改装后，还能执行高空测绘、气象探测、搜索救援、森林灭火、火力支援、空中加油等任务。

EA-6B电子战飞机 空中徘徊者

　　EA-6B电子战飞机是一种舰载电子战飞机，绰号"徘徊者"。该飞机的主要任务是利用强大的战术干扰系统，破坏敌方的雷达和通信系统，保护己方水面舰艇和其他飞机的安全，能在雷达控制密集的环境下进行舰载战术部署和战斗群作战。

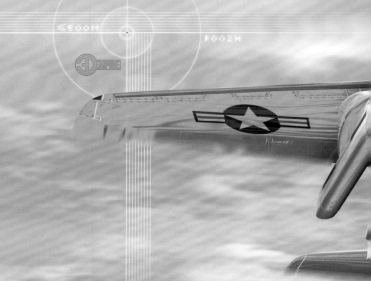

★ EA-6B电子战飞机 ★

- 生 产 国：美国
- 首飞时间：1968年
- 机　　长：17.7米
- 机　　高：4.93米
- 起飞限重：27500千克
- 最高速度：920千米/时
- 升　　限：11500米

EA-6B电子战飞机配备以电子战为主的AGM-88高速反辐射导弹。

什么是电子战

　　电子战是指敌对双方争夺电磁频谱使用权和控制权的军事斗争，包括电子侦察与反侦察、电子干扰与反干扰等。由于军队电子化程度提高，电子战也成为重要的攻防作战手段。

座 舱

　　4人座舱，可坐1名驾驶员和3名电子作战官。

加油管

　　加油管像一个"长角"装在机头上。

▶EA-6B电子战飞机可自动展开探测、识别、搜索、干扰任务。

ES-3A电子战飞机 空中监视机

　　ES-3A电子战飞机是一种舰载、高翼、双发动机飞机，主要用于执行远距离电磁通信监测、无线电技术侦察、电子干扰等任务，是飞在空中的电子监视机。该飞机加装了先进的航空电子设备，电子作战能力强、效率高、航程远，可以完成艰巨复杂的搜索、测向、截收、识别、分析等任务。

★ ES-3A电子战飞机 ★

- 生 产 国：美国
- 首飞时间：1992年
- 机　　长：16.26米
- 机　　高：6.93米
- 起飞限重：23800千克
- 最高速度：810千米/时
- 升　　限：10670米

电子战飞机主要执行电子干扰任务，攻击力较弱，但必要时也可携带武器参与战斗。

尾翼

尾翼部分采用悬臂式全金属结构，垂直和水平安定面都有后掠角。

电子战飞机的出现

第二次世界大战期间，电子雷达开始应用于战争中，为了避免被雷达发现，许多参战国都研制出针对雷达的各种干扰设备，并将其安装在作战飞机上，这就是早期的电子战飞机。

机身

机身前部为机舱，中部为武器舱，尾部装有可伸缩磁异探测仪。

▶ES-3A电子战飞机共生产了16架，目前依然在军队中服役。

军事小知识

战斗机的动力

　　空战中谁飞得更快、升得更高，谁就能掌握主动权，所以强劲的动力是战斗机的终极目标，这就要靠飞机的发动机。为了冲破音障，达到超声速飞行速度，现代战斗机均采用大马力涡轮风扇发动机。

直升机地效

　　直升机悬停时，会产生地面效应。合理利用地面效应，能提高直升机的载重量，提升直升机升限。在有地效的时候，直升机能在更高的高度上悬停。

轰炸机的任务

　　轰炸机出现得比较早，任务是用机上携带的炸弹、鱼雷、导弹等武器以空投的方式，对地面进行轰炸，从而打击地面、水面的目标。用不同武器，可以完成不同的作战任务。